油气田作业安全监督检查系列丛书

注采专业（海上）安全监督检查

中国石化胜利油田安全环保质量督查中心
中国石化胜利油田分公司技术检测中心 ◎组织编写

中国石化出版社
·北京·

内 容 提 要

本书为“油气田作业安全监督检查系列丛书”之一，以《海洋石油安全管理细则》《海洋石油开采天然气安全规程》等法规标准为基础，重点阐述了海上油气田注采作业安全监督相关内容。

本书图文并茂，采用口袋书的形式，简洁清晰、易于理解，使得各级管理人员和一线操作人员都能够轻松掌握和应用，为安全监督人员现场实施注采专业（海上）安全监督检查提供了全面的技术支持和指导。

图书在版编目（CIP）数据

注采专业（海上）安全监督检查 / 中国石化胜利油田安全环保质量督查中心，中国石化胜利油田分公司技术检测中心组织编写 . — 北京：中国石化出版社，2024. 9.
— ISBN 978-7-5114-7616-6

Ⅰ. TE38

中国国家版本馆 CIP 数据核字第 2024TZ7816 号

中国石化出版社出版发行

地址：北京市东城区安定门外大街 58 号

邮编：100011　电话：（010）57512500

发行部电话：（010）57512575

http：//www.sinopec-press.com

E-mail：press@sinopec.com

北京富泰印刷有限责任公司印刷

全国各地新华书店经销

*

710 毫米 ×1000 毫米 32 开本 1.5 印张 19 千字

2024 年 9 月第 1 版　2024 年 9 月第 1 次印刷

定价：25.00 元

编委会

《注采专业（海上）安全监督检查》

编委会

主　　编： 张文沛　任智军

副 主 编： 李应群　胡震亮　李伯群

编写人员： 王同增　赵　龙　王西岗　刘　佳

赵　宁　薛　娟　王　美　延　伟

王凯月　王逸飞　付　婧　陈　晨

前言

PREFACE

为进一步规范上游各专业安全管理，提升监督检查实效性，打造安全监管督查“一把尺子”，中国石化胜利油田分公司组织行业内专家，编写了“油气田作业安全监督检查系列丛书”。该丛书分为6个分册，内容涉及石油工程、地面工程、注采专业（陆上）、注采专业（海上）、油气集输（含原油库和储气库）、生产辅助（注汽、注氮、新能源等）。

本书以《海洋石油安全管理细则》《浅（滩）海钢质固定平台安全规则》《海洋石油

开采天然气安全规程》《海洋石油平台（设施）安全风险评估指南（试行）（固定平台）》《海洋石油天然气开采安全重点检查事项清单（23条）》等法规标准为基础，以油气生产作业与施工现场为落脚点，在广泛开展生产作业过程危害因素识别与风险评价的基础上，以各区域设备设施为主线，详细列出了安全检查项目和内容并加以整合。本书适用于上游企业海上采油平台现场安全检查。

目录
CONTENTS

第一章 概述……01

第二章 总平面布置……02

第三章 注采输系统……06

一、井口区……06
二、压力容器……07
三、常压容器……08
四、原油储罐……09
五、天然气压缩机……10
六、火炬……10
七、海底管道……11

第四章 电气仪表……14

一、电气设备设施……14

二、安全仪表系统……15
三、通信设备……15
四、暖通……17
五、应急照明……18

第五章　消防系统……19

一、海水消防系统……19
二、泡沫灭火系统……21
三、惰性气体灭火系统……22
四、其他消防设施……23

第六章　救逃生设施……25

一、救生艇……25
二、救生筏……27
三、火箭抛绳器……28
四、求救信号……29

第七章　机械设备……30

一、起重机……30
二、应急发电机……32
三、泵类设备……33
四、系物与被系物……34

第八章　修井设备……36

第九章　变配电系统……37

一、高（低）压配电室……37
二、变压器……38
三、海底电缆……39

第一章 概 述

海上油气生产平台主要分为中心平台、采修一体化平台、无人值守平台。

中心平台是集油气处理与外输、变配电、供热、采出水处理与注水、海上生产自动化监控、生活保障等多功能于一体的大型综合性海上平台，主要由生活平台、注水平台、储罐平台、动力平台、生产平台等子平台组成。其中包含注采输系统、电气仪表、消防系统、救逃生等设备设施。

采修一体化平台是集海上油气生产、修井作业、变电配电、生活保障等功能于一体的海上采油平台，主要由生活区、生产区、修井区、井口区组成。顶层甲板设置模块修井机，可通过滑轨对两翼油气水井进行修井作业。其中包含注采输系统、机械设备、修井设备、变配电系统等设备设施。

无人值守平台是海上油气生产的小型卫星平台，主要由井口平台、工艺平台组成。油气生产由中心平台集中控制，并通过海底管道输送至中心平台。

第二章　总平面布置

本章主要介绍中心平台、采修一体化平台、无人值守平台安全检查事项。

检查要点：

（1）设备设施、工艺流程涂色符合规定，各处安全警示标识设置醒目齐全。

（2）逃生通道的净宽不小于 1m，逃生通道应设置明显标志并保持畅通。

（3）灭火器按防火控制图要求布置，每半月检查1次。

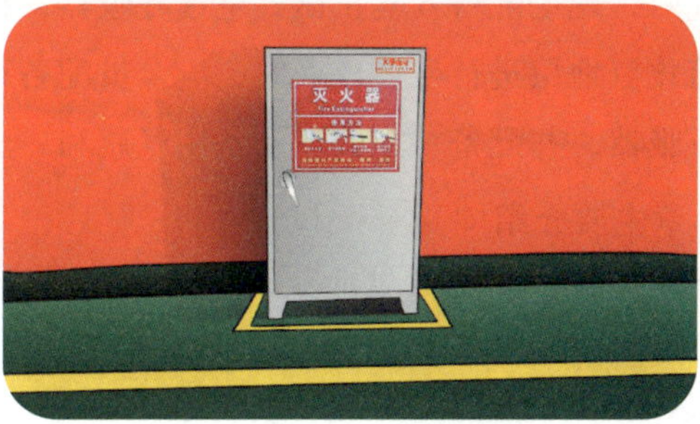

（4）防护栏杆应完好，甲板无孔洞、挡脚板无缺失。

（5）危险区域内使用符合规范要求的防爆电气设备。

（6）在含有硫化氢的平台，应根据空气中硫化氢的浓度悬挂绿色、黄色或红色的硫化氢环境标志牌。

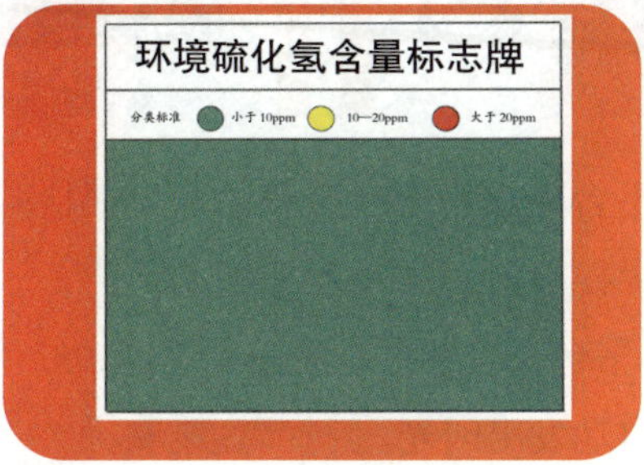

（7）在可能含有硫化氢地层进行生产作业时，平台上应配备处理硫化氢中毒的医疗用品、心肺复苏器和氧气瓶，现场配备6套正压式空气呼吸器；在已知含有硫化氢地层进行生产作业时，应全员配备正压式空气呼吸器，并配备一定数量的备用气瓶和一套充气装置。

（8）危险物品存放处应放置化学品技术说明书，远离危险区域和生活区域，并标注明显的中英文标识。

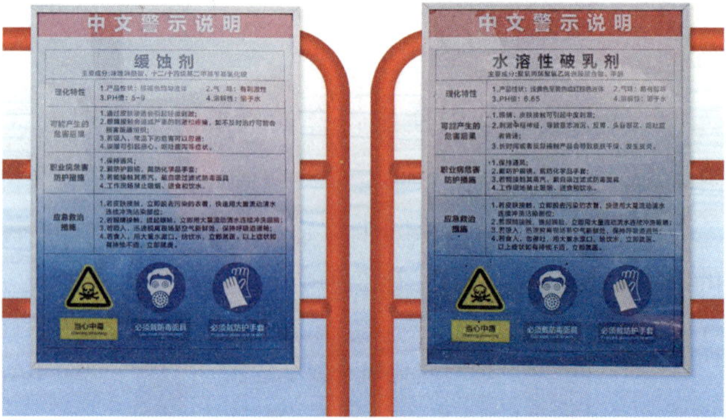

（9）平台应在指定位置张贴经发证检验机构审查同意的防火控制图、危险区域划分图。

（10）平台应设置白色助航标志灯、红色航空障碍灯，夜间自动发出闪光。

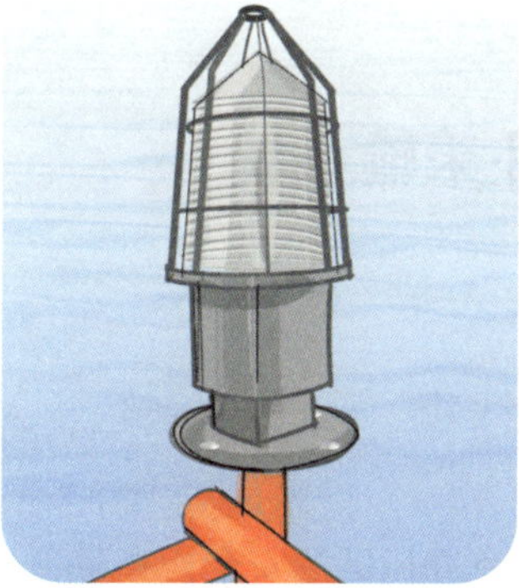

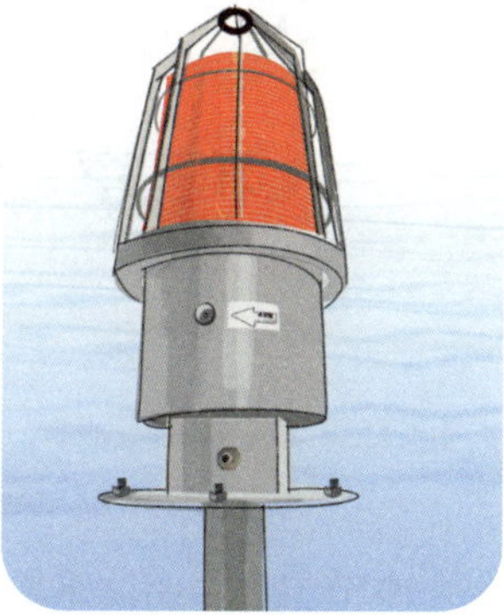

（11）平台应设雾笛，采用双电源（主电源、应急电源）供电。主雾笛采用自动雾笛（或遥控启动），备用雾笛可采用自动雾笛或手动雾笛。手动试验能够正常发出声响。

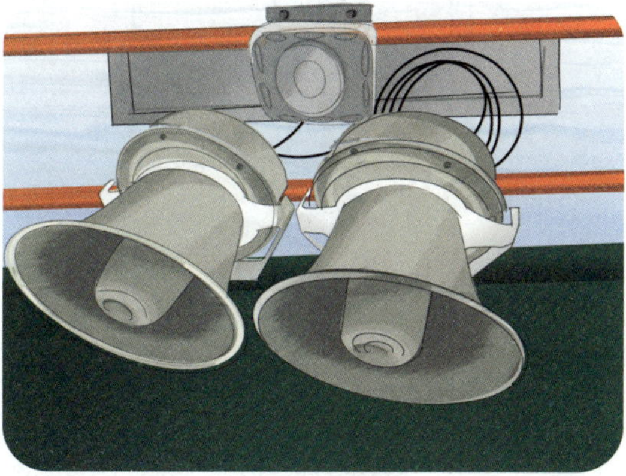

第三章　注采输系统

一、井口区

本节主要介绍注采输系统井口区的安全检查事项。

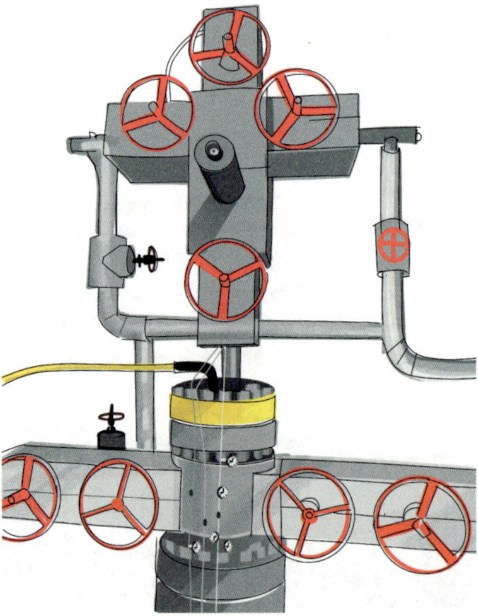

检查要点：

（1）采油树本体及阀门完好，连接牢固，不渗不漏。

（2）井口仪表齐全完好，在标定有效期内。

（3）长停井、废弃井应标明井号，喷涂停井、封井日期。

（4）含硫化氢井采油树套管四通涂色符合规范。

（5）安全阀控制柜内部清洁无油污，液压油液位在 1/2~2/3 范围内，各表盘读数处于额定工作压力范围。

（6）井口（井下）安全阀、排气阀针阀处于开启状态，能够随时远程卸压。

（7）电泵电缆采油树端、接线盒端分别做好保护接地。

二、压力容器

本节主要介绍压力容器安全检查事项。

检查要点：

（1）压力容器及安全阀在检验有效期内。

（2）安全阀进出口处的截止阀全部开启。

（3）液位计显示准确，无渗漏和冻堵现象。

（4）直梯及护笼无移位和断裂缺陷，顶部工作台防护栏杆完好。

（5）在用仪表完好，在标定有效期内。

三、常压容器

本节主要介绍撇油器、开排罐、注水罐、柴油罐等常压容器安全检查事项。

检查要点：

（1）在用仪表完好，在标定有效期内。

（2）液位计显示正常，上下游阀门灵活好用。

（3）罐体及附属流程无锈蚀、无渗漏。

（4）盛装可燃介质的容器应当安装阻火器。

（5）柴油罐出油管路速闭阀灵活好用，手动拉绳无锈蚀，气动控制箱内储气瓶及安全阀在检验有效期内，气动管路无漏气，各供气管路应标注用途，备用供气管路末端应封堵，防止误操作伤人。

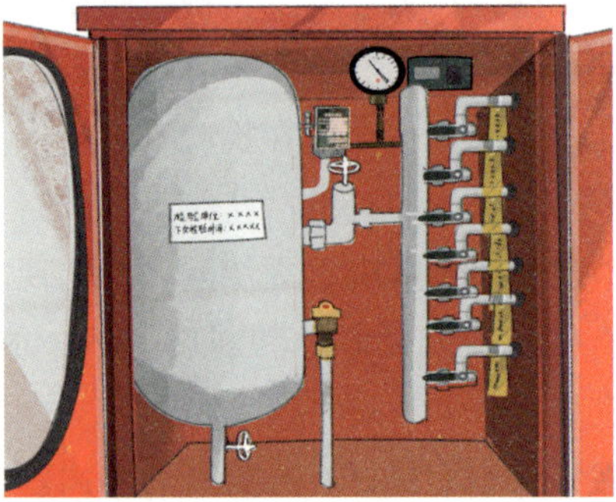

四、原油储罐

本节主要介绍原油储罐安全检查事项。

检查要点：

（1）罐顶无油污，大罐爬梯、顶部栏杆、格栅牢固可靠，上罐扶梯入口处，应设置消除人体静电的装置。

（2）液压安全阀、呼吸阀在检验有效期内。安全阀内油位保持在 10~15cm，液压油无进水、变质现象；呼吸阀阀体完好，储罐进出物料作业时，呼吸阀工作正常，阀盘能够根据压力变化正确开启和关闭。

（3）量油孔应处于密闭状态，孔盖完整，密封垫完好无漏气现象，周围清洁无油污。

五、天然气压缩机

本节主要介绍天然气压缩机设备安全检查事项。

检查要点：

（1）润滑油箱液位为 1/2~2/3，润滑油温度不高于 85℃。

（2）各级气液分离器在检验有效期内。

（3）橇内流程不渗不漏，法兰跨接线连接规范。

（4）冷却器风扇出口无堵塞，散热良好。

六、火炬

本节主要介绍火炬的设备安全检查事项。

检查要点：

（1）火炬点火系统应灵敏好用。

（2）天然气在进入火炬前应经过气体分液器。

（3）火炬流程应安装阻火器，电动阀远程和本地控制均有效。

七、海底管道

本节主要介绍海底管道的安全检查事项。

检查要点：

（1）靠船排导管架外侧的在用油气海管立管应采取防碰撞保护措施，禁止防碰撞结构作为船舶带缆桩使用。

（2）平台端海底管道应安装绝缘法兰，表面无破损、裂纹。

（3）海管固定管卡、锚固件完整有效，螺栓齐全、紧固。

（4）通球装置及安全阀在检验有效期内，快开盲板无渗漏。

第四章　电 气 仪 表

一、电气设备设施

本节主要介绍电气设备设施的安全检查事项。

检查要点：

（1）电气设备的金属外壳应可靠接地，危险区域内的电气设备应满足防爆等级要求。

（2）防爆电气设备外观完好，铭牌字迹清晰、证号齐全。

（3）处于危险区域的房间，内部设有非防爆电气设备的，房间应为正压防爆型。

（4）危险区域内墙壁穿越电缆的孔洞应以防火填料分隔，防火等级与原墙壁防火等级一致。

（5）平台 UPS 不间断电源应运行正常。

二、安全仪表系统

本节主要介绍安全仪表系统的安全检查事项。

检查要点：

（1）火灾、可燃及有毒气体报警系统应运行正常，各类报警应有处置记录。

（2）火灾、可燃及有毒气体报警系统、联锁与紧急关断系统应运行正常，旁通时必须办理许可。

（3）一键关断（ESD）按钮操作应制定明确的规程。

（4）安全仪表机柜应独立设置。

三、通信设备

本节主要介绍通信设备的安全检查事项。

检查要点：

（1）平台无线通信设备应配备甚高频 1 台、应急示位标 2 台、雷达应答器 2 台，奈伏泰斯（NAVTEX，气象信息和紧急信息）接收机 1 台，配备救生艇筏双向甚高频无线电话 3 部。

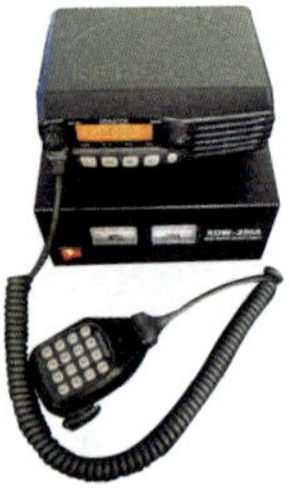

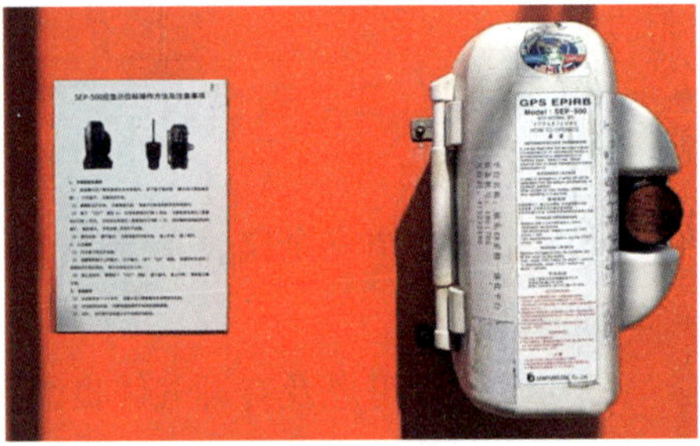

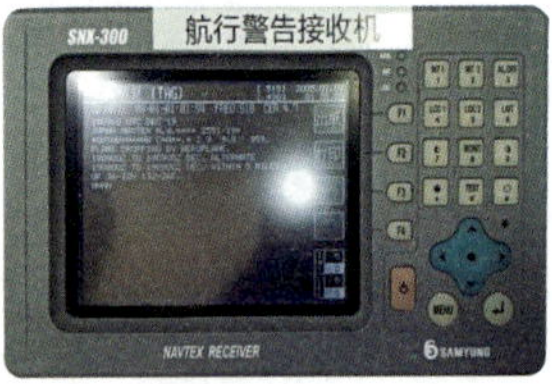

（2）平台应配备广播系统，中央控制室安装广播系统遥控装置，遥控装置应有多种音响报警控制功能并能优先控制报警。

（3）多种音响报警功能应包括火灾报警、可燃气体泄漏报警及弃平台报警，广播应能使平台任何位置的人员听清。

四、暖通

本节主要介绍暖通系统的设备安全检查事项。

检查要点：

（1）安装在室内的机械设备应有足够的通风和换气功能。通风系统的进气口应在安全区域，排出口应位于危险程度等于或小于该通风处所的露天区域。

（2）危险区域内设置的通风设备应符合防爆要求。

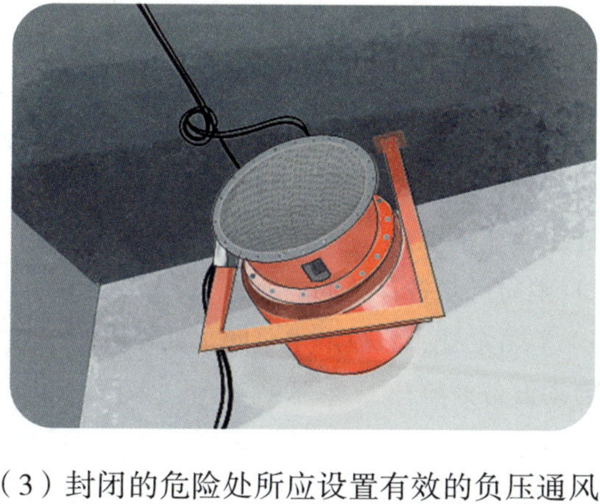

（3）封闭的危险处所应设置有效的负压通风，封闭的安全处所采用正压通风。

（4）蓄电池间应通风良好，总充电功率大于2kW的应采用机械通风，通风装置应为防爆型。

五、应急照明

本节主要介绍应急照明系统的安全检查事项。

检查要点：

（1）以下场所应设置应急照明：

a）所有救生艇、救生筏、耐火救生艇等救生设备的登乘处，以及通向这些处所有关的通道、梯道与甲板等处所；

b）所有生产和生活处所的通道、梯道的出入口；

c）机器处所和主发电站及其控制部位；

d）中央控制室及所有的控制站和机械控制室；

e）所有平台作业的处所和装有对上述作业进行控制所必需的机械控制装置与发电设备应急关闭装置所在的处所；

f）消防员装备存放的处所；

g）消防泵处所、喷淋水泵间（如设有时）以及它们的启动设备处所；

h）直升机甲板；

i）所有安装灭火设备的站、室；

j）通信及有关应急设备等处所。

（2）应急照明灯应有明显的标志。

（3）应急照明灯的亮度应满足所处场所的工作需求。

第五章 消 防 系 统

一、海水消防系统

本节主要介绍海水消防系统安全检查事项。

检查要点：

（1）平台至少须配备两台由不同动力源驱动的消防泵。若设置柴油机驱动的消防泵，柴油机的就地启动和遥控启动装置均应有效。

（2）住人平台应配备至少 1 个国际通岸接头。

（3）与消防泵出口连接的总管，应为消防专用，不得存在与消防无关的管道连接。

（4）寒冷季节，应及时将消防管线内的水放空，防止冻堵。

（5）海水提升泵扬水管应整洁，无锈蚀、渗漏现象。固定底座螺栓应紧固，无松动、锈蚀现象。

（6）电解防污装置工作正常，电流、电压显示在有效值范围内。

二、泡沫灭火系统

本节主要介绍泡沫灭火系统安全检查事项。

检查要点：

（1）泡沫消防流程控制阀本地及远程控制有效。

（2）泡沫灭火系统在检验有效期内。

（3）泡沫液罐操作规程与实际相符，寒冷地区的泡沫液罐应采用防冻措施，泡沫液储量满足设计要求，罐内液位显示清晰。

（4）泡沫液在有效期内，醒目位置张贴出厂信息、检验报告。

三、惰性气体灭火系统

本节主要介绍二氧化碳、七氟丙烷灭火系统安全检查事项。

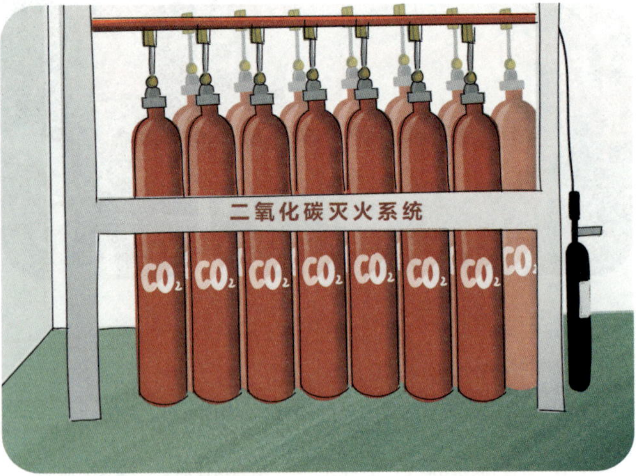

检查要点：

（1）气体灭火系统在检验有效期内。

（2）气瓶称重检测报警装置（如有）运行正常，氮气驱动瓶压力处于额定工作压力范围。

（3）自控线路接线牢固，无松动、腐蚀现象。

（4）气体灭火系统应配置延时释放装置，报警后应延时 10~60s（可调）释放灭火剂，以便操作人员安全撤离。

（5）防护区内应设置火灾声报警器，防护区的入口应设置声光报警和气体释放指示灯。

四、其他消防设施

本节主要介绍水龙带箱、灭火器等其他消防设备安全检查事项。

检查要点：

（1）每一处消防软管应配备 1 个水雾两用消防水枪。

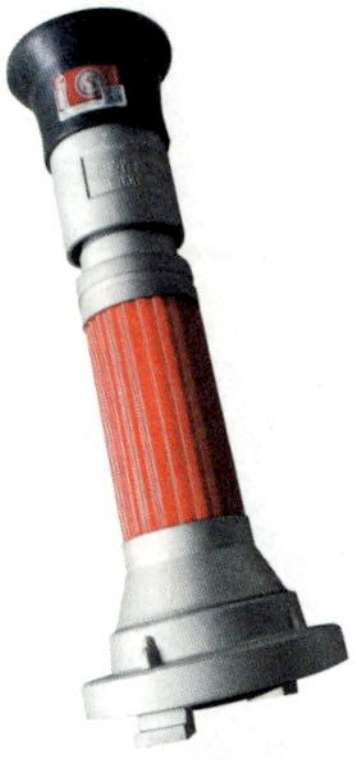

（2）消防软管站配备的消防软管长度不宜大于 20m。

（3）生活区域的住室至少配备 1 个手提式灭火器，生活区域进出口处和每隔 10m 的地方配备 1 个手提式灭火器，厨房至少配备 1 个手提式灭火器。

（4）平台应配备 4 套消防员装备，每套装备包含隔热防护服、消防靴和手套、头盔、正压式空气呼吸器、消防斧以及可以连续使用 3h 的手提式安全灯。

第六章　救逃生设施

一、救生艇

本节主要介绍救生艇安全检查事项。

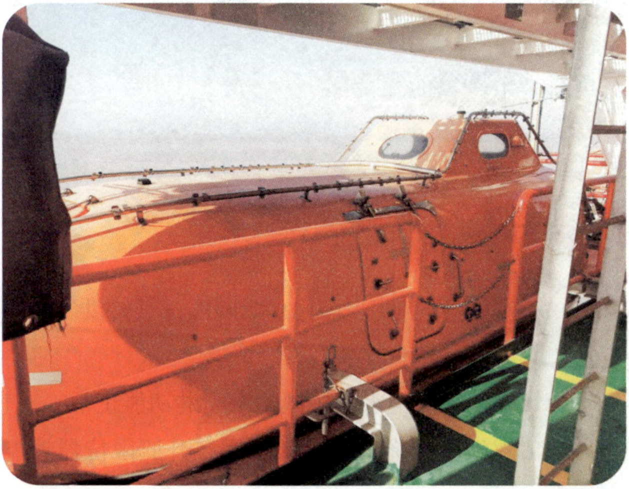

检查要点：

（1）救生艇外观完好，启动电瓶无馈电、柴油机运行正常，艇内属具无缺失，摆放合理，均在有效期内。

（2）救生艇钢丝绳每 5 年强制更换，醒目位置喷涂更换日期。

（3）艇内空气瓶压力为 19~20MPa，试验供气功能正常。

（4）救生艇降至水面，试验水喷淋功能正常。

（5）救生艇升降功能正常好用，升艇限位器功能有效。

（6）手摇柄插孔处应设置联锁开关或设置手摇防倒转装置，防止绞艇机绞升时带动手摇柄旋转。

二、救生筏

本节主要介绍救生筏安全检查事项。

检查要点：

（1）救生筏在检验有效期内，释放图醒目完好，首缆、静水压力释放器安装正确。

（2）救生筏支架无锈蚀、断裂，橡胶垫无老化、丢失。

（3）救生筏释放通道无障碍物，能够顺利抛投至海面。

三、火箭抛绳器

本节主要介绍火箭抛绳器安全检查事项。

检查要点：

（1）平台应至少配备1套抛绳设备，包括不少于4个抛绳器。

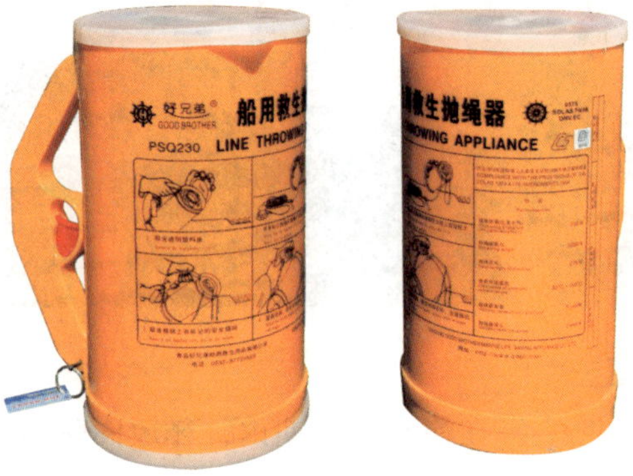

（2）抛绳器外观应保持完好，在使用有效期内，外壳防水、抗风抗雨。

（3）抛绳器应存放在易于取用的地点。

四、求救信号

本节主要介绍求救信号安全检查事项。

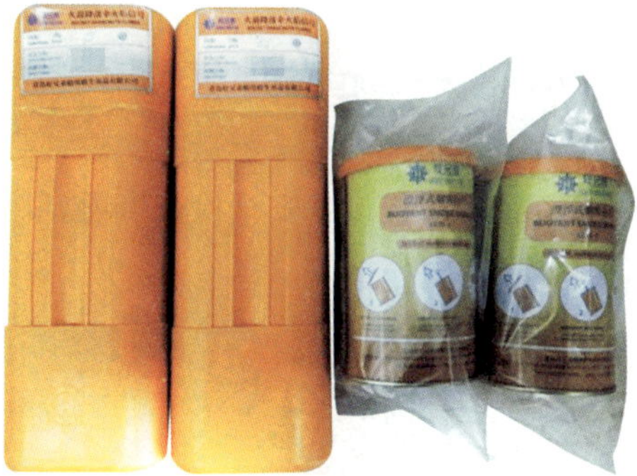

检查要点：

（1）平台至少应配备 12 个红光降落伞信号、2 只橙色烟雾信号。

（2）求救信号外观应保持完好，在产品有效期内。

第七章 机 械 设 备

一、起重机

本节主要介绍起重机设备安全检查事项。

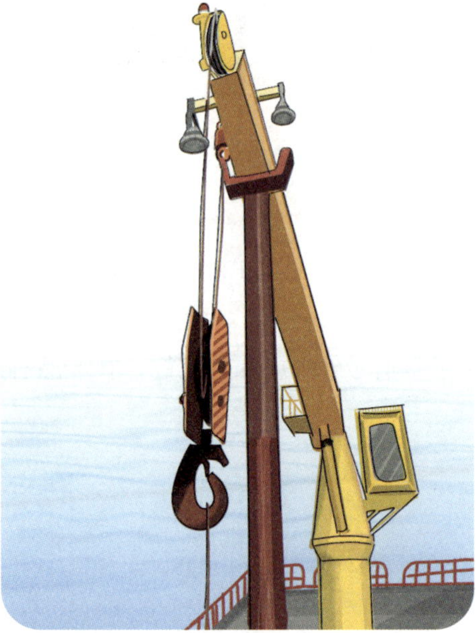

检查要点：

（1）起重机在检验有效期内。

（2）起升绞车、变幅绞车卷筒和法兰无腐蚀、磨损和裂缝。绞车卷筒上钢索应能自行整齐排列，当起重机臂杆在最高操作位置且吊钩达到最低天文潮海面时，剩留在主起升卷筒上的钢索不得少于5圈。

（3）起升绞车、变幅绞车钢丝绳润滑良好，吊钩的防脱钩装置完好无损并有防止脱钩的保护装置。

（4）起重机应设有起升限位器、变幅限位器、回转角度限位器，各限位器应运行正常。

（5）起重机应在明显位置张贴不同变幅下的载荷标识，并设有超负荷保护，超负荷保护应调整在不超过100%安全工作负荷时动作。

（6）起重机声光报警、视频监控系统应处于正常运行状态。起重机还应设有一个手动音响警告信号，该信号应区别于平台上所使用的其他信号。

（7）直梯无移位和断裂缺陷，超过2m的直梯应设置护笼。

二、应急发电机

本节主要介绍应急发电机设备安全检查事项。

检查要点：

（1）冬季运行时电加热器应保持正常运行。

（2）应急发电机处于自动启动状态，主电源供电失效的情况下，45s之内能够自动启动供电。

（3）应急发电机应配备主副两组启动电瓶，在不充电的情况下，从冷机连续启动不应小于6次。

（4）燃油速闭阀灵活好用。速闭阀拉环除设有醒目标识，钢丝绳无锈蚀，滑轮灵活好用。

三、泵类设备

本节主要介绍外输泵、注水泵等通用泵类设备安全检查事项。

检查要点：

（1）电气设备无异常，电机接地良好。

（2）易产生含油污水外溢的设备，应采取防范措施使含油污水进入排放系统。

（3）危险区域内的泵类旋转部位应有安全可靠的防护罩，安装应紧固，防护罩应采用防静电、不产生火花的材质。

（4）设备本体在用仪表、安全阀齐全完好，量程合适，在校验期内。

（5）检查电机前轴润滑油量充足、油质达标、无渗漏。

四、系物与被系物

本节主要介绍安全带、吊笼、吊索等系物与被系物安全检查事项。

检查要点：

（1）系物与被系物应经过检验合格，在有效期内。

（2）钢丝绳索具目视完好，无达到报废标准的缺陷。

（3）安全带整体无老化、破损，表面清洁。

（4）卸扣应设有相应的防脱保险措施，无明显磨损。

（5）被系物结构无缺陷，本体应有清晰的标记，包括安全负荷、外形尺寸、最后一次检验日期等。

第八章　修 井 设 备

本节主要介绍修井机设备安全检查事项。

检查要点：

（1）修井设备、井控设备在检验有效期内。

（2）修井机应配备一种或多种天车防碰系统，且主要功能完好，天车最高部位应配置信号灯警示系统。

（3）应配置人员高空操作防坠落等安全保护设施，井架二层台应配置紧急逃生装置，钻台、天车台、井架二层台周边应设置防护栏杆。

（4）液压管线硬管与软管连接处，应加装防脱保护装置。

（5）至少配有 1 个司钻控制台和 1 个远程控制台，且两个控制台均能单独关闭和开启防喷器组。

（6）游车系统钢丝绳、小绞车钢丝绳不得出现断丝、变形、磨损超标等情况，至少每 90 个作业日进行一次强制更换。

（7）三缸泵出口旋塞阀、高压软管应每两年强制更换。

第九章　变配电系统

一、高（低）压配电室

本节主要介绍海上平台高（低）压配电室安全检查事项。

检查要点：

（1）六氟化硫气体压力指示在正常范围。

（2）带电指示器运行正常，保护中心工作运行正常。

（3）绝缘工器具、配电室专用工具、断路器转运车等用具齐全有效。

（4）配电间应设置温湿度仪，温度为5~40℃，湿度为30%~80%。

（5）配电柜门应保持关闭状态，周围不得存放可燃物品，配电柜前后应铺设绝缘垫。

二、变压器

本节主要介绍主变压器、照明变压器、站用变压器、采油变压器等电气设备安全检查事项。

检查要点：

（1）变压器风机运转正常，铁芯温度正常。

（2）变压器柜门应保持关闭状态，周围不得存放可燃物品，变压器柜前后应铺设绝缘垫。

三、海底电缆

本节主要介绍海底电缆的安全检查事项。

检查要点：

（1）海缆固定管卡、锚固件、护管等完整有效，螺栓齐全，各部位固定牢固。

（2）海缆外部保护层应保持完好。